BEI GRIN MACHT SICH IHR WISSEN BEZAHLT

AF155599

- Wir veröffentlichen Ihre Hausarbeit,
  Bachelor- und Masterarbeit

- Ihr eigenes eBook und Buch -
  weltweit in allen wichtigen Shops

- Verdienen Sie an jedem Verkauf

Jetzt bei www.GRIN.com hochladen
und kostenlos publizieren

Roland Baum

Unterrichtsstunde: Zeichnen achsensymmetrischer Figuren

Unterrichtsentwurf Mathematik Symmetrie, Klasse 4

GRIN Verlag

Bibliografische Information der Deutschen Nationalbibliothek:

Die Deutsche Bibliothek verzeichnet diese Publikation in der Deutschen National-
bibliografie; detaillierte bibliografische Daten sind im Internet über http://dnb.d-
nb.de/ abrufbar.

Impressum:

Copyright © 2007 GRIN Verlag GmbH
Druck und Bindung: Books on Demand GmbH, Norderstedt Germany
ISBN: 978-3-640-35205-0

Dieses Buch bei GRIN:

http://www.grin.com/de/e-book/128365/unterrichtsstunde-zeichnen-achsensymme-
trischer-figuren

GRIN - Your knowledge has value

Der GRIN Verlag publiziert seit 1998 wissenschaftliche Arbeiten von Studenten, Hochschullehrern und anderen Akademikern als eBook und gedrucktes Buch. Die Verlagswebsite www.grin.com ist die ideale Plattform zur Veröffentlichung von Hausarbeiten, Abschlussarbeiten, wissenschaftlichen Aufsätzen, Dissertationen und Fachbüchern.

Besuchen Sie uns im Internet:

http://www.grin.com/

http://www.facebook.com/grincom

http://www.twitter.com/grin_com

Roland Baum
Lehrer-Anwärter
Studienseminar

Lüneburg, den 01.07.07

Entwurf einer Unterrichtsstunde anlässlich
eines Beratungsbesuchs im Fach Mathematik

Unterrichtszeit: 05.07.2007, 8.00 Uhr – 08.54 Uhr
Lerngruppe: Klasse 3a (13 Mädchen, 14 Jungen)
Fachlehrkraft:
Klassenlehrerin:
Zuständige Ausbildende:

Einordnung in das Kerncurriculum:

Inhaltsbezogene Kompetenzen:
Kompetenzbereich Raum und Form

„Die Schülerinnen und Schüler

… entwickeln symmetrische Muster selbst und setzen Muster fort.

… stellen achsensymmetrische Figuren her." (KC, S. 28)

Prozessbezogene Kompetenzen:
Kompetenzbereich Modellieren

„… über die Funktionalität von Symmetrie in der Umwelt reflektieren?" (KC, S. 28)

Thema der Unterrichtseinheit:
Vielfältige Zugänge zur Achsensymmetrie

Thema der Unterrichtsstunde:
Zeichnen achsensymmetrischer Figuren

Stellung der Stunde in der Unterrichtseinheit:
1. Falten und Schneiden achsensymmetrischer Figuren / Fachbegriffe „Symmetrieachse" und „symmetrisch"
2. Spiegelexperimente: Legen und Spiegeln
3. Figuren auf Achsensymmetrie untersuchen
4. **Zeichnen achsensymmetrischer Figuren**
5. Achsensymmetrie in Alltagsgegenständen: Wir durchsuchen einen Versandhauskatalog
6. Spiegel von Figuren (Spiegelachse außerhalb der Figur)
7. Vertiefung und Übung am Lernbuffet (2)
8. Zusammenfassung und Rückblick

Themenbezogene Zielsetzung:

Stundenziel:
Die Schülerinnen und Schüler ergänzen Halbfiguren zu achsensymmetrischen Figuren.

Teillernziele:

Die Schülerinnen und Schüler …

TLZ 1: … überprüfen in der Vorstellung Ansichten bekannter Gegenstände auf Achsensymmetrie.

TLZ 2: … erkennen und beschreiben altersangemessen Achsensymmetrie als wichtiges Konstruktionsprinzip eines Papierfliegers.

TLZ 3: … entwickeln Strategien zur Ergänzung von Halbfiguren zu achsensymmetrischen Figuren und verbalisieren diese.

TLZ 4: … ergänzen eigenständig Halbfiguren zu achsensymmetrischen Figuren.

TLZ 5: … reflektieren Funktionalität von Symmetrie in der Umwelt.

.
Differenzierung:

Einige Schülerinnen und Schüler erhalten zur Erreichung des Teillernzieles 4 Hilfestellungen:
• Eckpunkte der Spiegelfiguren sind vorgegeben.
oder
• Die Spiegelform wir durch Falten und Ausschneiden gefunden.

Einige Schülerinnen und Schüler bearbeiten zusätzlich Aufgaben von höherem Schwierigkeitsgrad (z.B. diagonale Symmetrieachse, komplizierte Formen).

Schülerinnen und Schüler, die alle Aufgaben bearbeitet haben, entwerfen selbst entsprechende Aufgaben für Mitschüler.

Erläuterung und Begründung von Themenwahl und themenbezogener Zielsetzung

Das Kerncurriculum formuliert im Kompetenzbereich Raum und Form als übergeordnetes Ziel das Erkennen und Beschreiben geometrischer Strukturen in der Umwelt (vgl. Niedersächsisches Kultusministerium 2006, S. 26). Für das Themenfeld „Geometrische Abbildungen" werden dabei u.a. folgende Kompetenzen angestrebt:

„Die Schülerinnen und Schüler

... entwickeln symmetrische Muster selbst und setzen Muster fort.

... stellen achsensymmetrische Figuren her." (ebd. S. 28)

Achsensymmetrische Figuren kommen in vielfältigen biologischen, technischen und architektonischen Zusammenhängen vor (vgl. Franke 2000, S. 200, Schwengeler 1998, S. 159) und erfüllen dort wichtige Funktionen. Im Alltag von Kindern kommen symmetrische Formen bei Möbeln, Spielkarten oder Werkzeugen vor, werden jedoch in den seltensten Fällen bewusst als solche wahrgenommen. Vielen Kindern wird jedoch die Technik des Faltens und Schneidens zur Herstellung symmetrischer Formen (Herz, Schmetterling, Tannenbaum, ...) bekannt sein. An diese Technik wird in der Unterrichtseinheit angeknüpft, um die Begriffe „symmetrisch" und „Symmetrieachse" einzuführen und Klassifizierungen von Figuren vorzunehmen. Dieser Zugang erscheint für die spezielle Lerngruppe auch deshalb sinnvoll, weil in den vorhergehenden Schulhalbjahren geometrische Inhalte äußerst knapp unterrichtet wurden und daher die vom Kerncurriculum vorgegebenen Kompetenzen zur Symmetrie für die ersten beiden Schuljahre nicht vorausgesetzt werden können.

Symmetrische Formen zu zeichnen ist eine wichtige Kompetenz bei vielen Anwendungen (Architektur, Gartenbau, Maschinenbau, ...). Auch für Schülerinnen und Schüler der dritten Klasse ist (eingeführt anhand des Alltagbeispiels Papierflieger) einsichtig, dass Symmetrie in bestimmten technischen Anwendungen ein notwendiges Prinzip ist. Über den technischen Zugang und vor dem Hintergrund von Konstruktionsplänen lässt sich auch für Schülerinnen und Schüler nachvollziehbar der Anspruch nach Genauigkeit und Sorgfalt rechfertigen (im Gegensatz zu vergleichbaren Aufgaben in vielen Schulbüchern, bei denen z.B. Blumen, Gesichter oder Phantasieformen ergänzt werden sollen). Darüber hinaus können durch einzelne Schülerinnen und Schüler intuitiv wichtige Eigenschaften der Spiegelsymmetrie erfasst werden: „Beim Zeichnen in Kästchen erkennen die Kinder, dass Bild und Original gleich weit von der Spiegelachse entfernt, entsprechende Strecken gleich lang und Winkel gleich groß sind." (Franke 2000, S. 222).

Die zentrale Aufgabe des Zeichens wird im Stundenverlauf eingebettet in Methoden und Inhalte, die ein hohes Maß an Realitätsbezug und Alltagsnähe (und damit Sinnhaftigkeit für die Schülerinnen und Schüler) ermöglichen.

Gemäß der Forderung des Kerncurriculums nach der „Fähigkeit, sich Objekte, deren Lage oder Veränderungen in Gedanken vorzustellen" (Niedersächsisches Kultusministerium 2006,

S. 26), werden zu Beginn der Stunde kopfgeometrische Übungen durchgeführt. Diese Arbeitsweise ist den Schülern mittlerweile vertraut und führte in den vorangegangenen Stunden zu einer hohen Beteiligung.

Da das Kriterium der Genauigkeit für die Zeichnungen eine Kontrolle jeder Lösung durch den Lehrer erfordert, wird in der Sicherungsphase nicht jede Schülerlösung thematisiert, vielmehr wird die Korrektur durch den Lehrer zu hause durchgeführt. Damit kann die Sicherungsphase genutzt werden für die Herstellung weiterer Anwendungsbezüge. Die Schülerinnen und Schüler sollen dabei (angeleitet durch den Lehrer) „über die Funktionalität von Symmetrie in der Umwelt reflektieren." (Niedersächsisches Kultusministerium 2006, S. 28)

Analyse der zentralen Aufgabenstellung:

Aufgabe	Intention	Anspruchs-niveau	Mögliche Schwierigkeiten	Konsequenzen
Die SuS ergänzen Halbfiguren in einem Gitternetz durch Zeichnen achsensymmetrisch.	Zeichnerisches Ergänzen zu achsensymmetrischen Figuren ist eine wichtige Kompetenz bei vielen Anwendungen (Architektur, Gartenbau, Maschinenbau, …).	motorisch: mittel	Ungenaues Anlegen des Lineals; Lineal verschiebt sich während der Zeichnens; Figur wird u.U. durch Lineal verdeckt	Anlegen des Lineals wird in der Hinführungsphase demonstriert u.U. individuelle Hilfestellung
	Genaues Zeichnen mit dem Lineal ist in vielen inner- und außermathematischen Zusammenhängen eine wichtige Kompetenz.	kognitiv: mittel - hoch	Prinzip der Achsensymmetrie wurde nicht verstanden, es werden andere Abbildungen (Verschiebung, Drehung, …) durchgeführt oder ganz andere Ergänzungen vorgenommen.	In der Hinführungsphase wird das Prinzip der Achsensymmetrie betont. Die SuS können ihre Lösungen jederzeit mit Hilfe von Lösungsfolien oder Spiegeln kontrollieren.
	Darüber hinaus können durch einzelne SuS intuitiv wichtige Eigenschaften der Spiegelsymmetrie erfasst werden: „Beim Zeichnen in			Differenzierung: Alle SuS probieren zunächst, die Anforderung alleine zu bewältigen. LA gibt u.U. einzelnen schwachen SuS ein AB, bei dem die Eckpunkte der Spiegelbilder markiert sind. Möglicherweise wird einzelnen SuS auch die Möglichkeit eingeräumt, die Aufgabe durch Schneiden zu lösen.
	Kästchen erkennen die Kinder, dass Bild und Original gleich weit von der Spiegelachse entfernt, entsprechende Strecken gleich lang und Winkel gleich groß sind." (Franke 2000, S. 222)		Die Strategie des Abzählens der Kästchen wird nicht verstanden.	Die Strategie des Abzählens wird durch SuS verbalisiert. LA hebt wichtige Aspekte hervor. Bei einem Beispiel wird durch LA bewusst eine falsche Lösung demonstriert und durch SuS korrigiert.
			Die für die Strategie notwendigen Elemente („einen hoch, drei zur Seite") können nicht memorisiert werden.	Differenzierung: s.o.

Zeit	Unterrichtsphase	TLZ	Geplantes Unterrichtsgeschehen	Arbeits- und Organisationsformen	Medien
8.00 – 8.08 8 Min	Einstieg: Kopfgeometrie		•LA erklärt inhaltliche Schwerpunkte und organisatorischen Ablauf der Stunde. •LA leitet „Phantasiereise" in die Sporthalle an. •Die SuS überprüfen in der Vorstellung Gegenstände (Fußballtor, Weichbodenmatte, Uhr ....) auf Achsensymmetrie.	*Gewohnte Sitzordnung* Lehrervortrag Schülerkette	
8.08 – 8.20 12 Min	Hinführung		•LA präsentiert asymmetrisch gebauten Papierflieger und lässt ihn fliegen => Absturz •SuS äußern Ideen und Assoziationen •u.U. kurze Diskussion über Vorteile und Anwendungen von Symmetrie •LA zeigt Tafelbild mit „halbem" Flugzeug •LA betont die Wichtigkeit von Genauigkeit beim Zeichnen von Konstruktionsplänen. •SuS ergänzen schrittweise und verbalisieren ihre Strategie. •LA demonstriert bewusst falsche Lösung und lässt SuS korrigieren.	*Gewohnte Sitzordnung* Stummer Impuls Gelenktes Unterrichtsgespräch	Tafel, Lineal, Kreide
8.15 - 8.40 20 Min	Erarbeitung		•LA erklärt Arbeitsauftrag und Differenzierungsmöglichkeiten. •Die SuS bearbeiten Aufgaben und kontrollieren ihre Lösungen mit Hilfe von Lösungsfolien oder Spiegeln. •Aufräummusik beendet die Arbeitsphase, die SuS legen ihre Lösungen in den „Posteingangskorb".	*Gewohnte Sitzordnung* Lernbuffet Einzelarbeit	Arbeitsblätter Lösungsfolien Spiegel CD
8.40 - 8.54 14 Min	Sicherung		•u.U. werden Probleme, Schwierigkeiten oder Lösungsstrategien aus der Arbeitsphase thematisiert. •LA fragt nach weiteren Anwendungsgebieten, in denen Symmetrie wichtig ist („Bei welchen Gegenständen ist es auch wichtig, dass sie symmetrisch sind? ... Denkt auch mal an die Turnhalle!"). •SuS äußern Ideen und Assoziationen. u.U. hilft LA durch Folien (Fußballfeld, Fahrrad, Vogel, ...) • u.U. wird bei einigen Gegenständen der Unterschied zwischen Präzision in der Mathematik und Pragmatismus in der Realität thematisiert („Würde ein Mathematiker sagen, dass ein Fahrrad /ein Schmetterling symmetrisch ist?") •Hausaufgabe: Zu Hause nach symmetrischen Gegenständen suchen •Didaktische Reserve: Symmetrie wird auch als ästhetisches Prinzip, z.B. in der Architektur thematisiert (Bild Taj Mahal,....)	*gewohnte Sitzordnung* Gelenktes Unterrichtsgespräch	Folien, OHP

Anleitung Kopfgeometrie:

Ihr legt euren Kopf auf die Tischplatte oder auf eure Arme und macht die Augen zu. Atmet ein Mal ganz tief durch und konzentriert euch nun auf die Aufgaben, die ich euch stelle.

In deiner Phantasie stehst du auf und gehst zur Tür des Klassenraumes. Du öffnest die Tür, gehst durch den Flur und die Pausenhalle und biegst rechts auf die Treppe ab. Von da aus gehst du über den kleinen Pausenhof zum Eingang der Turnhalle. Du betrittst zunächst den langen Flur, gehst am Schulkindergarten vorbei und betrittst nun die Turnhalle. Du schaust dich um. Dann stellst du dich vor das Fußballtor, das beim Eingang steht, ungefähr auf den Sieben-Meter Punkt. Ist das Tor symmetrisch? Links und rechts daneben stehen Weichbodenmatten. Du stellst dich davor. Sind sie symmetrisch? Über der Tür hängt die Uhr. Ist sie symmetrisch? Jemand hat ein Hütchen stehen lassen. Ist es symmetrisch?

Du schaust dich noch einmal ganz genau um. Findest du noch mehr Gegenstände, die symmetrisch sind?

Du gehst langsam zurück …

Tafelbild:

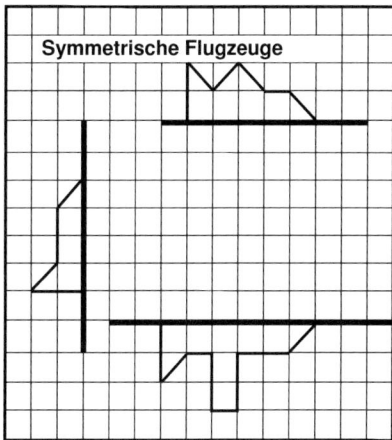

An der Tafel sind die Symmetrieachsen farbig hervorgehoben.

Name: _____   Datum: _____

Ergänze durch Spiegeln an der Symmetrieachse!

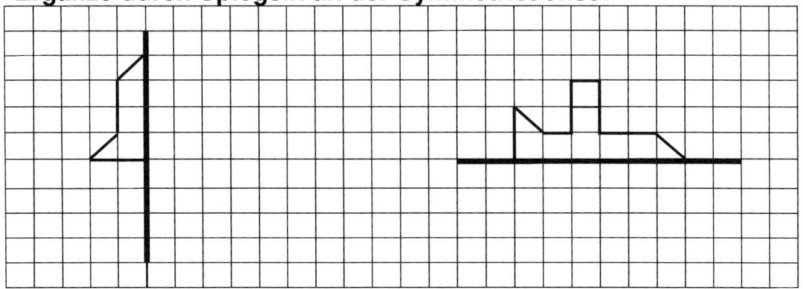

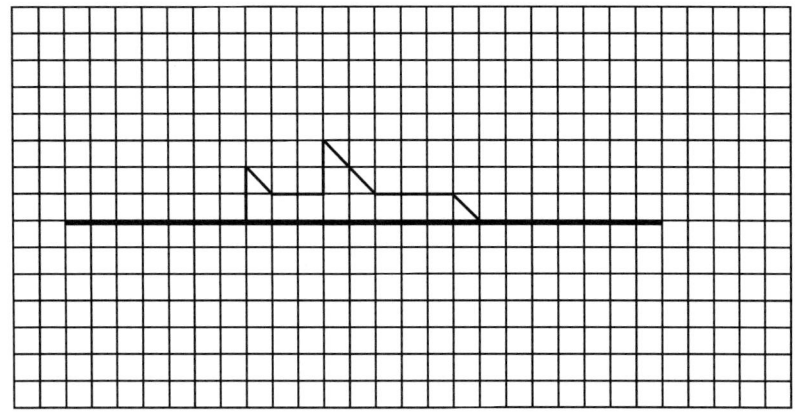

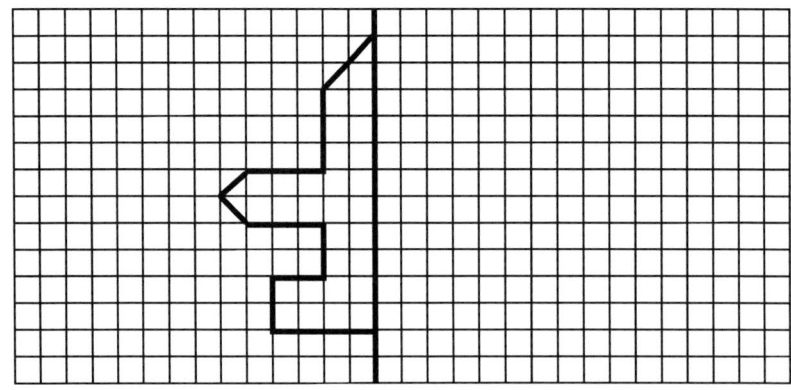

Quelle: selbst erstellt; Bild: Microsoft Word ClipArt

8

Ergänze durch Spiegeln an der Symmetrieachse!

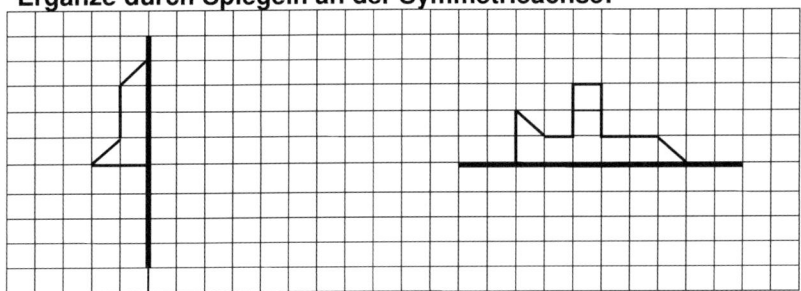

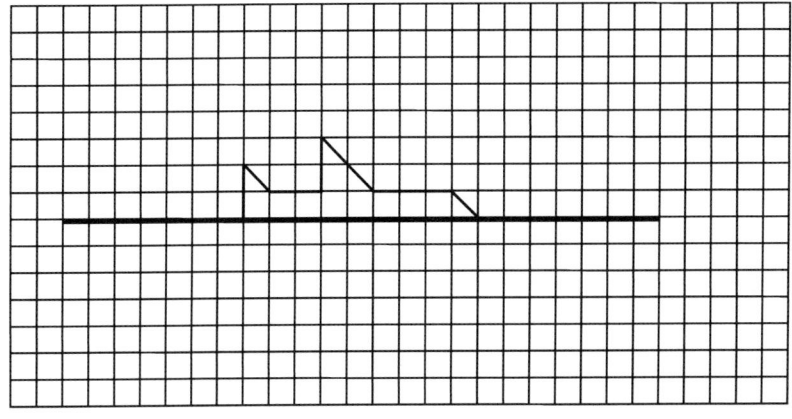

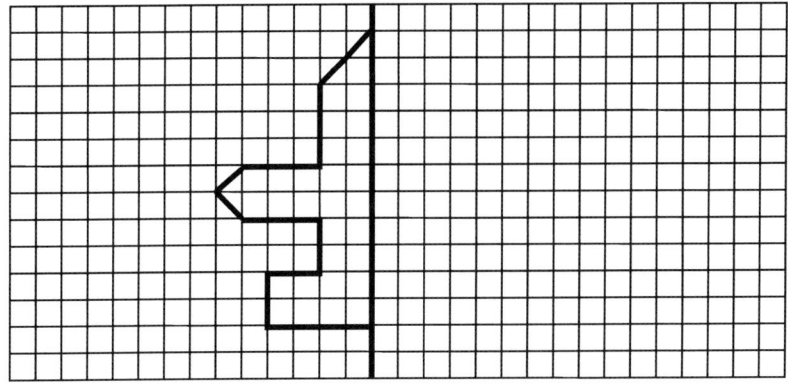

Quelle: selbst erstellt; Bild: Microsoft Word ClipArt

Name: _____ 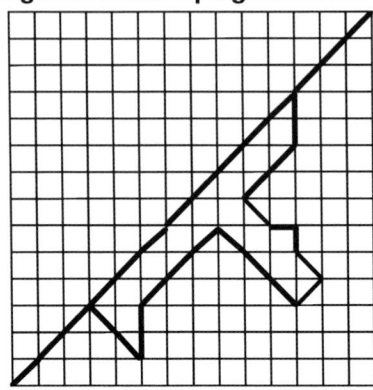 Datum: _____

Ergänze durch Spiegeln an der Symmetrieachse!

 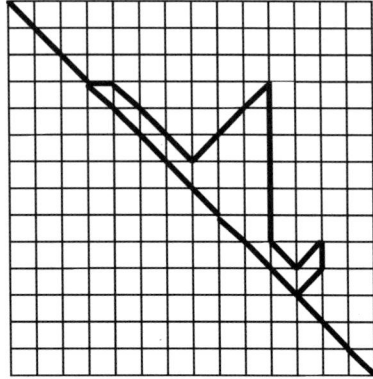

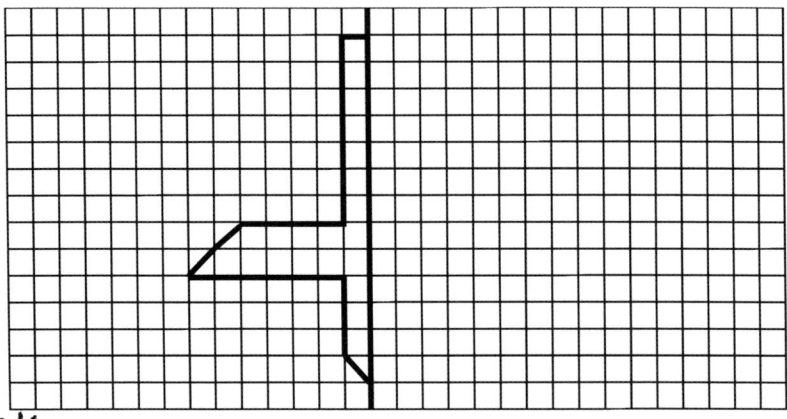

💡 Erfinde ein eigenes Flugzeug !

Bilder Sicherungsphase und didaktische Reserve:

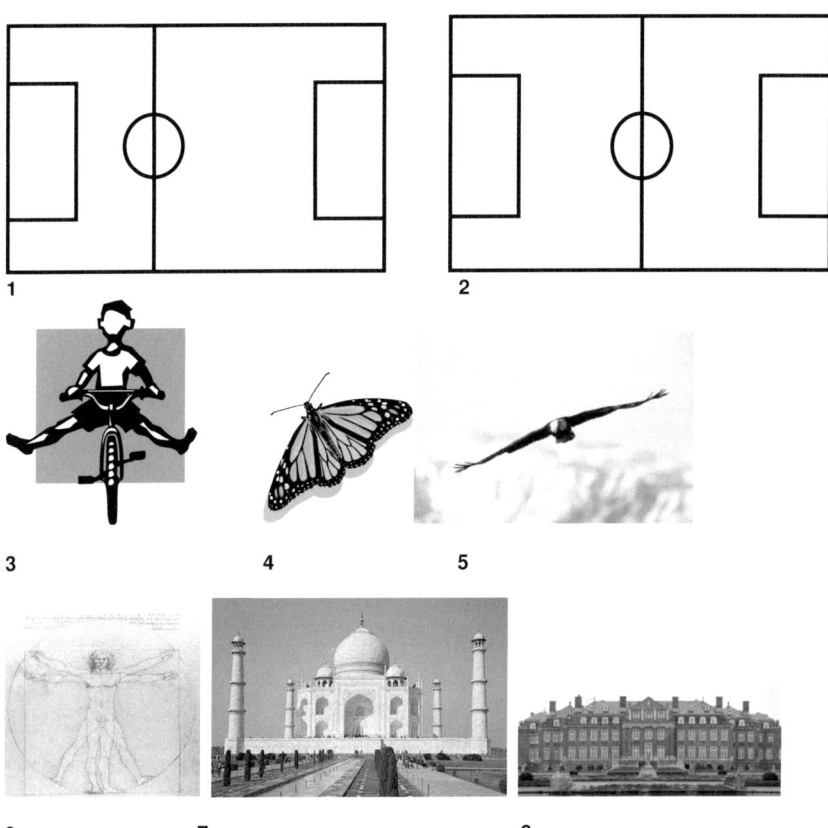

1   2

3   4   5

6   7   8

Quellen:
1,2: selbst erstellt
3,4,5: Microsoft Word ClipArt
6: http://de.wikipedia.org/wiki/Da_Vinci
7: http://de.wikipedia.org/wiki/Datei:Schloss_Nordkirchen_KdM02.JPG8:

Literatur:

Franke, Marianne (2000): Didaktik der Geometrie Heidelberg: Spektrum

Krauthausen, Günther & Scherer, Petra (2006): Einführung in die Mathematikdidaktik. München: Spektrum

Niedersächsisches Kultusministerium (2006): Kerncurriculum für die Grundschule. Schuljahrgänge 1-4. Mathematik. Hannover: o.V.

Radatz, Hendrik; Schipper, Wilhelm; Dröge, Rothaut & Ebeling, Astrid (1999): Handbuch für den Mathematikunterricht, 3. Schuljahr. Hannover: Schroedel.

Rinkens, Hans-Dieter & Höhnisch, Kurt (Hrsg.) (2006): Welt der Zahl. 3. Schuljahr. Hannover: Schroedel.

Rinkens, Hans-Dieter & Höhnisch, Kurt (Hrsg.) (2006) : Welt der Zahl. Praxisbegleiter 3. Schuljahr. Hannover: Schroedel.

Schwengeler, Christoph (1998): Geometrie experimentell. Ideen und Anregungen zu einem handlungsorientierten Mathematikunterricht. Zürich: Orell Füssli

Senftleben, Hans-Günther (2003): Kopfgeometrie in der Grundschule. In: Grundschulzeitschrift 167/2003, S. 24 - 32